我发现一只死鸟

写给孩子的生命启蒙书

［加］简·桑希尔 / 著

易小又 / 译

天地出版社 | TIANDI PRESS

目 录

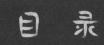

生命和生命周期

我发现了一只死鸟，
我很难过。

但

同时我也有
许多问题想不明白。比如，
这只鸟为什么会死？
它是怎么死的？
它死后又会怎么样？

死了？

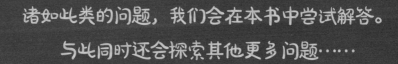

诸如此类的问题，我们会在本书中尝试解答。
与此同时还会探索其他更多问题……

但如果我们想要探索**死亡**的话，

就得先 回答几个有关生命的问题：

生命

"活着"意味着什么？

为什么有些生物命长，

而有些却命短？

所有生物最终都会死去吗？

事实是：世间生物终将死亡

我们许多人一谈到，甚至是一想到死亡就觉得恐怖，部分原因在于我们担心会失去自己所爱的人。这是情理之中的事情。但对死亡避而不谈只会徒增我们的恐惧。

死亡，无处不在

虽然想到死亡会让我们觉得不舒服，但死亡就在我们身边。我们吃的肉和蔬菜，也曾是有生命的动植物。我们走在外面时还会踩死小虫子。甚至就在此时此刻，我们体内的特殊细胞正在杀死有害的细菌。在世上的每个角落里，生物都在走向死亡。但与此同时，也有更多生命才刚刚开始。

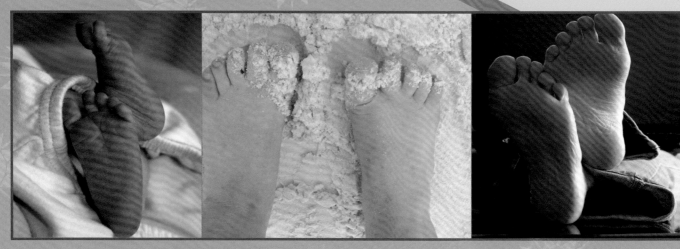

地球上每个生物的生命都有始有终。

单细胞生物体通过细胞一分为二繁殖出新的生命。植物长出种子，种子又发芽，进而长成新的植物。人类就像其他大多数哺乳动物一样，在母亲的子宫中孕育新的生命。

生命有长有短，长则许多许多年，短则几个小时。但无论长短，生命都终将结束，我们将这种结束称为"死亡"。

但是，地球上的生命总是生生不息。生物死去后，它的遗体会腐烂，逐渐分解成分子。分子是什么？分子就是构成世界上万千生物的基本要素。新生命诞生于旧生命。

我们将生命的这种持续模式称为"生命周期"。

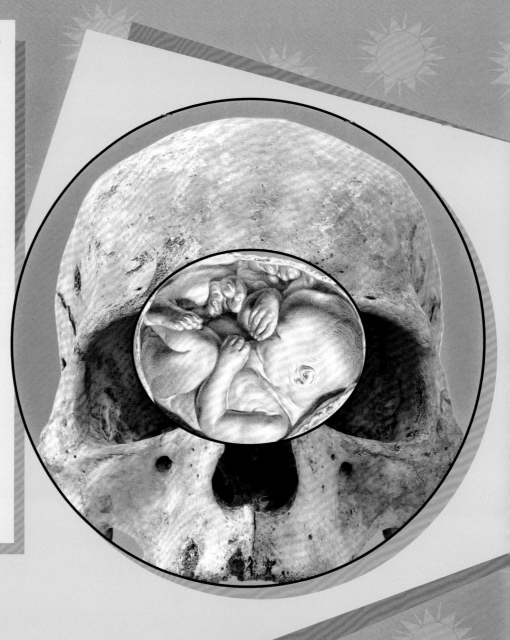

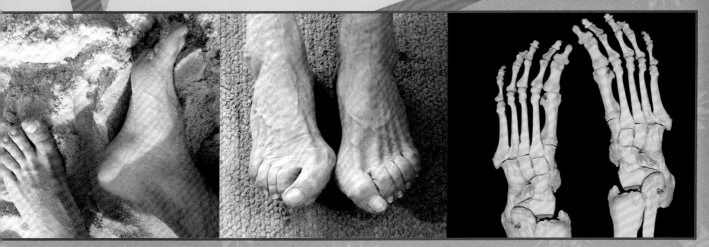

什么是生命？

生命就是生物从出生到死亡的一个过程。

那什么又是生物？

所有的生物：

- 都会汲取能量，排放废物；
- 都会成长和进化；
- 都会"复制"出成千上万个自己；
- 都会对周遭环境作出反应。

单细胞植物

肥胖的蛙吞食鳄鱼幼崽

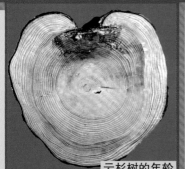

云杉树的年轮

猫咪对苍蝇的反应

外貌相似的母女

生命，无处不在……

科学家们认为和我们人类共同分享地球的不同生物高达 3 000 万种。有些物种我们轻而易举便能看见，如驼鹿和水仙花，但有些物种只能用显微镜才能看见。

几乎所有体积稍大的物种（哺乳动物、鸟类和树木）均已被发现和命名，但遍观整个地球，还有成千上万的昆虫和真菌以及数百万种微生物正等着我们去发现！

已命名物种的估计数量

哺乳动物	4 260
鸟类	9 000
爬行动物和两栖动物	10 500
鱼类	25 000
昆虫和蜘蛛	78 000
植物	400 000
真菌	750 000
细菌	5 000

物种种群的估计数量

全世界的人类	75亿
全世界的狗	5亿
全世界的蓝鲸	1 600
全世界的熊猫	1 000
北美的秃鹰	10万
纽约的老鼠	7 000万
多伦多的浣熊	75万
人体内的细菌	1 000万亿

生命真的是不计其数！

要是没有死亡会怎么样？

如果

苍蝇不死会怎样？

就一只家蝇而言，如果它的所有后代都得以生存和繁衍，然后这些幼虫继续生存繁衍，以此类推，只需要 4 个月，整个亚马孙雨林那么大的区域就会淹没在齐腰深的家蝇大军中。

简直恶心至极！

所有生命长短不一

所有生命都有起点和终点，介于两点之间的时间就是寿命。某些物种的寿命通常特别短——有些细菌只能存活一两个小时。但有些物种的寿命却可以很长——巨杉树的平均寿命为 2 000 多年，有些巨杉树甚至能活 3 500 多年！

世界上体积最大的生物是巨杉树。有些巨杉树大到仅用一棵，就可以修建45座家庭住房

10亿次心跳

相较于大型哺乳动物，小型哺乳动物的寿命要短得多。但无论大小，所有哺乳动物一生的心跳次数都比较接近，大约 10 亿次。出现这种现象的原因在于，小心脏的跳动速度比大心脏快得多。但是，人类是为数不多的一个例外。我们的心跳速度大约为 60 次每分钟，这意味着我们应该只能活大约 30 年，这正好是几千年前原始人的寿命。但由于生活条件和营养的改善，我们一生的心跳次数可以达到 30 亿次！

当人们日渐衰老时，头发会发白，皮肤会变皱，动作会变得迟缓。但龙虾之类的其他许多生物，却没有衰老的迹象，它们只会越长越大。人类捕获到的最大的龙虾，年龄高达 100 岁，和一个五岁的孩子一样重！但是，因为龙虾不会老死，所以在大海深处，可能还有更大的龙虾存在。

30次/分　　　60次/分　　　600次/分

预期寿命

预期寿命是指在正常情况下，植物或动物可能存活的平均时间。然而，预期寿命很长，并不意味着实际寿命也会很长。

BORN 1895, DIED 1995.

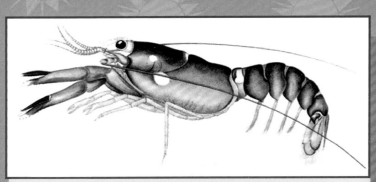

老鼠的预期寿命大概是三年，许多宠物鼠可以活那么久。但是，一只必须自己寻找食物并且避开掠食者的野生老鼠可能只能活几周

预期寿命
（及历史最长寿命）

动物	寿命	动物	寿命
大象	70~80年（89年）	短吻鳄	40~50年（66年）
黑熊	15~20年（30年）	金鱼	5~10年（43年）
狗	10~12年（24年）	海星	4~6年（20年）
河狸	10~15年（23年）	蚁后 / 木工蚁	15年 / 6个月
松鼠	8~9年（15年）	蚯蚓	4~15年（15年）
蜂鸟	3~6年（9年）	枫树	300~400年（500年）
鹅	10~20年（20年）	地衣	1 000~4 000年
铜斑蛇	7年（30年）	细菌	20分钟~4 000万年

某些生物可以活很久——很久

所有生物都有预期寿命，但有时候一个生物个体的寿命可以相当长。一棵树可能熬过山火和干旱，或者一个人纯粹靠运气，就造就了新的寿命纪录。

昆虫

昆虫的寿命一般说来都比较短，通常只有几天，但也有例外。寿命最长的昆虫名叫"周期蝉"。当这种蝉的蝉蛹从蝉卵中冒出来时，就开始了它漫长的生命旅程。蝉蛹会往地下打洞，吸食树根中的汁液，再在 17 年后破土而出，寻找配偶。

这只成年蝉刚从蝉蛹中破壳而出，不过它的生命在之后6~8周就会结束

陆生动物

巨型陆龟是寿命最长的陆生动物，平均寿命为 100 年。目前年纪最大的象龟已有 160 岁，科学家预期它可以活到 200 岁。

人类 哺乳动物生命之最

法国的珍妮·卡尔蒙（Jeanne Calment）死于 1997 年，享年 122 岁。珍妮每天都要喝两杯葡萄酒，爱吃甜食，100 岁的时候还可以骑自行车！如今，百岁老人比以往任何时候都要多。

艾玛·路易丝·福克斯（Erma Louise Fox）在庆祝自己的百岁生日时，乘坐热气球，并尝试新的水上运动（左图）

人类发现的年纪最大的鱼，是一条205岁的阿留申平鲉。科学家通过从鱼类的听小骨上切下的薄片统计生长轮的轮数，可以计算出鱼的寿命。我们将这些听小骨称为"耳石"。

11岁比目鱼的耳石

年龄最大的动物

毫不夸张或炫耀地说，已经证明的地球上年龄最大的动物是一只507岁的海蛤。我们通过计算其外壳生长纹的数量可以确定它的年龄。

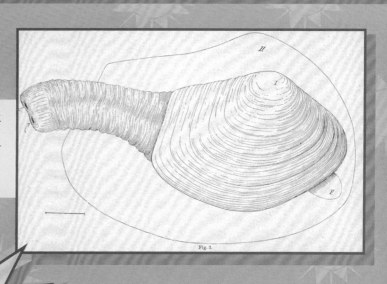

但 **寿命** 最长的是

……好吧，似乎没有人确切地知道地球上活得最久的生物是什么。

可能是"玛土撒拉"，一棵如左图所示的狐尾松。"玛土撒拉"已有差不多4 800岁，比金字塔还要古老。也有可能是莫哈维沙漠中的石炭酸灌木。其中的一丛灌木可能已经向外生长了12 000年。唯一的问题在于，灌木最古老的部分，也就是它的中心在数千年前就已经腐坏消失了。那这样也算吗？

寿命最长的也有可能是一种更低级的生命体。近来，科学家们从深埋于新墨西哥洞穴的盐晶中发现了生长了2.5亿年的细菌孢子，并成功地将它们培养成了细菌。

而某些生物却十分 命短

看看这些小家伙！

对于大多数生物而言，生命的开始是十分危险的。卵会被吃掉或无法孵化，种子降落在恶劣的环境中或者在它们发芽时就被吃掉，许多哺乳动物和鸟类一出生就容易成为掠食动物的盘中餐，甚是可怜！

臭鼬或浣熊经常会在海龟蛋还没来得及孵化之前就把它们从土里挖出来吃掉

掠捕食者们发现，比起成年动物，把新生的群居动物和大部队分开要更容易。此图背景中的狼和郊狼正在啃食其他动物的尸体，所以这两只小麋鹿才暂时没被攻击

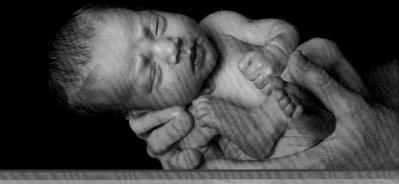

有时，人类婴儿会过早出生。在现代医疗技术条件下，许多早产儿能够成功存活下来。但如果是太过弱小的婴儿，现代医疗也无力回天

种子和孢子

大多数植物结出的种子数量比最后发芽的种子数量要多得多。种子发芽的需求十分独特，而且每个物种的需求又各不相同。大多数种子都需要特定的温度或湿度，有些种子甚至要经过动物的消化才能发芽。

想想你吃的面包。一条普通的面包由 10 000 颗麦粒制作而成，而这 10 000 颗麦粒永远长不成植物

一枚镍币

真菌通过产生大量的微小孢子进行繁殖。仅一颗如左图所示的马勃菌就能产生 7 万亿个孢子，足够绕地球赤道一圈！即便马勃菌释放的孢子如此之多，能找到适宜条件生长的孢子却几乎为零。

生死实验

想知道幼苗要存活下来有多困难吗？可以将五颗干豆分别种在鸡蛋盒的五个格子里，保证其潮湿温暖的生长环境。在它们发芽并长出几片叶子后，将它们分别放入不同环境中，过一段时间后观察它们的生长情况。

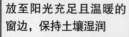

放至阳光充足且温暖的窗边，保持土壤湿润

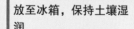

放至阳光充足且温暖的窗边，但土壤极其潮湿

放至阳光充足且温暖的窗边，但土壤全干

放至温暖漆黑的壁橱，保持土壤湿润

放至冰箱，保持土壤湿润

生物的死法

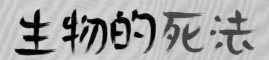

一种生物的死法有千万种。

想想一只普通的

苍蝇

你能想到多少种苍蝇的死法？

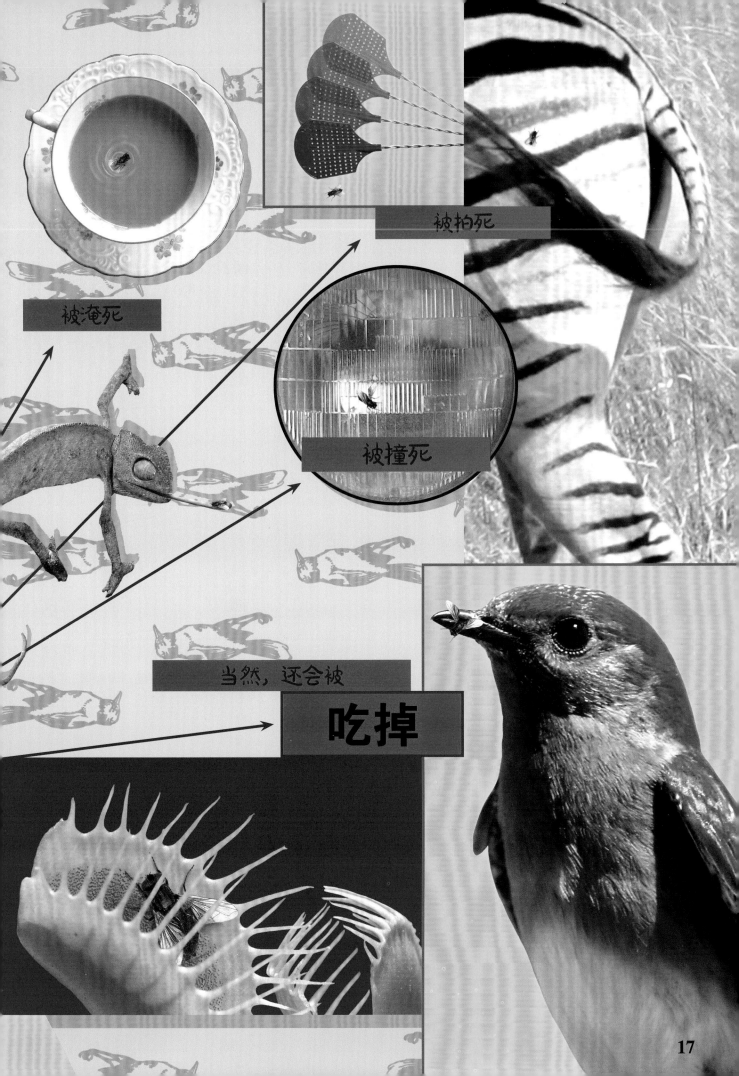

被拍死

被淹死

被撞死

当然，还会被

吃掉

每个生物 都得 吃吃吃……

世间活着的万物，从最微小的微生物到最高的树，从极小的蠕虫到最大的鲸鱼，都得消耗能量才能存活。

晚餐吃什么？

生物吸收能量的方式各不相同。绿色植物从阳光中汲取能量，然后把二氧化碳和水转化为糖；细菌和其他微生物通过细胞壁吸收养分；水母用带刺的触手诱捕小型海洋生物，然后直接送至胃中。当然，从鲨鱼到蜂鸟再到人类的许多动物，都是通过嘴巴进食的。

植物

绿色植物通过叶绿素捕捉太阳能量，将其转化为自己的食物，再加上水和二氧化碳，便可以合成糖。

真菌

真菌寄身于食物中，通过酶分解食物，然后用细丝吸收营养。这种细丝，我们称之为"菌丝"，菌丝体便是由许多菌丝相互交织而成的。

微生物

极小的微生物由外到内吸收食物。右图中的这种原生动物为了吞食它的草履虫晚餐而逐渐改变自己的形状。

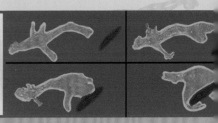

谁吃谁?

所有生物都是消费者。反过来,所有生物最终都会沦为其他生物的盘中餐。

植物消耗的能量来自太阳;

食草动物吃植物;

食肉动物吃动物;

杂食动物几乎什么都吃;

寄生虫啃食活的动植物;

食腐动物啃食尸体。

在海洋食物链中,浮游动物吃极其微小的浮游植物,沙丁鱼吃浮游动物,鲱鱼吃沙丁鱼,海豹吃鲱鱼,鲨鱼吃海豹。你觉得谁又可以吃掉鲨鱼呢?

浮游植物　　浮游动物　　沙丁鱼　　鲱鱼　　海豹　　鲨鱼　　?

纵横交错的食物链构成食物网

阳光　麻雀　鹰　人与狗　青蛙　螳螂　蛇　兔子　蜘蛛　蚱蜢　老鼠　牛　草

饥饿的 食草动物

对地球上几乎所有的生命而言，太阳的能量都至关重要。绿色植物是唯一的汲取太阳能量并能将其转化成食物供其他生物食用的生命形式。

在这张"生命的网"中，植物是初级生产者，吃掉植物的食草动物则是初级消费者。呀，食草动物居然能"消费"！

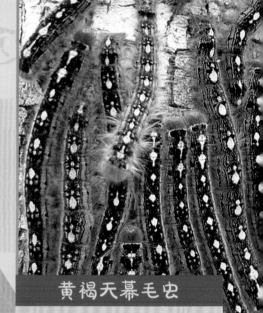

黄褐天幕毛虫

黄褐天幕毛虫为某类蛾的幼虫，在某些年份大肆泛滥，以致它们可以在短短几个星期内吃掉森林里的几乎每一片叶子。还好大部分树木在灾难之后还会长出第二批树叶，所以森林也并未因此受损。

忙碌的河狸

河狸啃倒树后就会吃掉树皮和嫩叶，然后用树枝搭建巢穴并修建堤坝截水成池。它们的堤坝可以淹没大面积的林地，导致更多树木死去。但最终这些池子都会被淤泥填满，变成草地，为其他食草动物提供草食。

蝗虫

蝗虫对植被的胃口可以说是"欲壑难填"。有时候数百万只蝗虫成群结队，便可遮天蔽日，让身后的土地如同沙漠一般贫瘠。最大的蝗虫群可以在一天之内轻而易举地消灭10 000吨植物。它们尤其喜欢对农作物下手。

水下食草动物

全球海洋中的多数食草动物都以绿色的微小浮游植物为食，但还有些食草动物要吃大型水下植物，海胆就是其中之一。海胆最喜欢吃上图中的巨藻（一种海藻）。大量的海胆会对保护幼鱼和其他海洋生物的原始海藻林造成极大破坏，当海胆的捕食者（如海獭）大量减少时就会出现这样的情景。

红海胆和紫海胆

牛怎么吃东西

牛和其他食草动物有一个瘤胃，十分特别，可以把难以消化的植物分解成可吸收的营养。在分解过程中，数以亿计的微小细菌和原生动物都扮演了"小助手"的角色。因此，当牛在草场吃草时，一大群小到肉眼不可见的微型"食草动物"正在牛的瘤胃里开开心心地进食。

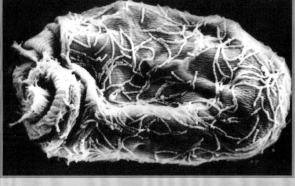

这是用电子显微镜极度放大了的原生动物照片，它的周围满是在瘤胃中发现的杆状细菌

肉在何方？

有些生物是食肉动物，而许多食肉动物是以动物尸体为食的食腐动物，但其中也有不少捕食者。捕食者们经常借助特殊技能或身体结构，乐此不疲地追赶其他动物，然后杀死它们。

敏锐的视觉和听觉，外加利嘴与利爪，使得乌林鸮成为可怕的小型哺乳动物捕食者

"嗜血的"植物

食肉植物先诱捕动物（通常是昆虫），然后再吃掉它们。像左图的猪笼草等食肉植物，它们杯形叶片内壁上长着许多向下生长的细毛，可以防止昆虫爬出去。而捕蝇草等其他食肉植物则通过迅速闭合带刺的叶裂将动物包裹起来。毛毡苔的叶片上布满了触须，并能分泌一种吸引昆虫的黏液，其中的消化酶可以将这些昆虫转化为植物可以吸收的蛋白质大餐。

披着蚂蚁外衣的狼

你被蚂蚁咬过吗？想象一下被 5 000 只蚂蚁袭击的场景！这就是在行军蚁活动时，南美洲的小动物们需要担心的问题。行军蚁是一种小型食肉动物，单单一个蚁群的规模就可以达到 200 万只，它们在森林中前进时就像一根移动的宽柱。蚁群不管遇到昆虫还是蜥蜴，都会展开攻击，用它们的钩形颚（上颚）抓住这些受害者，然后开始叮咬它们。

行军蚁钩状上颚

海洋杀手

鲨鱼凭借其强有力下颚中数百颗锋利的牙齿以及异常灵敏的嗅觉，成为海洋中的顶级捕食者。但真正让鲨鱼技高一筹的是一种名为电感受的感官。这种感官可以让鲨鱼捕捉到极其微弱的电信号。和人类一样，鱼类也会发出少量电能，而鲨鱼的电感受器可以帮助它们找到隐藏甚好的猎物，即便在漆黑的环境中也能手到擒来。

大伙儿在海洋里游泳时，是否应该担心会被鲨鱼袭击？

这样想吧：全世界每年约有50起鲨鱼袭击人类的事件，致使4~5人死亡。但另一方面，人类每年会捕杀3 000万~1亿条鲨鱼。所以，要担心的应该是鲨鱼吧

被杀死时痛不痛？

当动物感觉自己生命受到威胁时，其中枢神经系统就会释放特殊化学物质，对身体产生如同火箭燃料般的作用。其中，有些化学物质可以让动物的心跳和呼吸加速，释放储存的能量，帮助动物逃跑，其他化学物质则可以缓解疼痛。

疼痛是一种自然抵御。如果你碰到了温度过高的烤棉花糖，疼痛感会让你的手指迅速撤回来。但太过疼痛对于即将被捕食者擒获的动物而言就毫无用处了，因为疼痛会使其分心，从而无法集中精力脱离魔爪。

全世界的 头号 捕食者

猪里脊
猪肩胛肉
猪排骨
猪腰肉
猪后腿
猪颈肉
猪前腿

不不不，全世界的头号捕食者不是猪，而是我们人类！

人类起初是猎人和采集者——猎捕动物和采集植物。随着时间推移，我们开始设法驯服许多我们喜欢吃的动物。我们驯服并饲养这些动物，等我们想吃"T骨牛排"或鸡腿时就会对这些动物下手，直到今天也是这样。

人类对肉的喜爱从来没有减弱。纵观全世界，为了获取猪肉和牛肉，我们每年要杀死10多亿只猪和3亿多头牛！

狮子和野牛

极端 天气

天气是指地球大气层的状态，种类颇多——天热多风、多雾潮湿、下雪寒冷或相互组合的其他天气。通常，我们对天气无须过多担心。穿上橡胶靴、抹上防晒霜或套上防寒服，我们就可以做自己的事了。但有时候，当条件正好合适时，就会出现致命天气。

咔嚓！

这棵树在遭遇雷击后挺了过来，但树干上的巨大裂缝却意味着它将"敞开大门""迎接"昆虫和疾病 ➡

火灾！

闪电本身并不算大型"杀手"，但雷击引起的山火会导致大量生物失去生命。虽然大多数动物通过藏身地洞、逃跑或飞走可以幸免于难，但植物行动就没那么方便了。不过意外的是，山火对世界上许多森林的长期健康而言，却是必不可少的。灰烬可以为土壤增加营养，光秃秃的树木可以让土地接受阳光的照射，新一代的树木才得以成长。有些树的种子甚至需要一场山火才能发芽！

两只麋鹿在河中寻找避难所，躲避山火

"邪恶"的风

飓风和龙卷风是大自然中最致命的一类力量。飓风形成于暖洋，其规模能大到在太空中也能轻易看见。龙卷风的"漏斗"稍小，但众所周知，当其"重拳出击"时，可以将木片插入铁制的消火栓里。

虽然强龙卷风的旋风风速是最强飓风的两倍，并且在着陆时会造成毁灭性的破坏，但飓风着陆时导致的受灾面积更大更广。

雨水——旱的旱死，涝的涝死

有时候，天气可以于无形之中杀死万千生灵。长时间降水不足或干旱会造成大范围的动植物的死亡。植被枯萎死去，河床干涸，鱼类和其他水生动物搁浅。干旱还会造成农作物颗粒无收，许多人只能忍饥挨饿。

旱的旱死，涝的涝死。当降水太多，河流漫过岸堤，酿成洪灾淹没庄稼和动物，有时候连人类也难逃一劫。每次下雨就会发生小规模的洪灾。你见过下雨后水坑中被淹死的蚯蚓吗？那就是洪灾造成的死亡！

25

微小却致命

传染病是指从一个生物传染到另一个生物的疾病。许多传染病都是致命的。微生物引起的传染病几乎可以侵蚀所有生命形态，肆虐地球上的每个角落。

甚至细菌也会感染致命病毒！

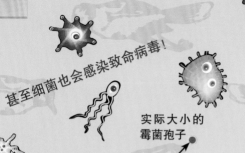

实际大小的霉菌孢子

榆小蠹

植物病害

植物是真菌、细菌或病毒引起的各种疾病的受害者。荷兰榆树病等大多数疾病可以从一棵植物轻易地传播到另一棵植物上。荷兰榆树病是根据其首次发现的地点来命名的，而其他许多植物疾病则是根据植物生病时表现出来的症状来命名的，如卷叶病、炭腐病、锈病、枯萎病、大豆灰斑病等。

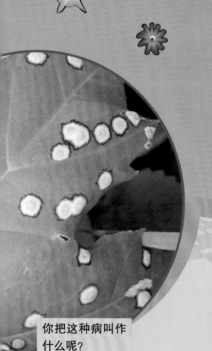

你把这种病叫作什么呢？

数百万的榆树惨遭荷兰榆树病（通过榆小蠹传播的一种真菌）的"毒手"

人类疾病

每年都有数百万人死于传染病。虽然我们的居住条件、现代医疗条件和良好的生活环境都有助于我们保持健康，但在世界上某些地方，生活十分不易，每天都有成千上万的小孩儿死于传染病。其中最厉害的"杀手"就是繁殖于脏水中的细菌引起的腹泻，靠蚊子传播的疟疾，还有艾滋病，甚至是麻疹。解决这些地方的贫穷问题对阻止这些疾病的传播大有益处。

蚊子把在红细胞中繁殖的疟原虫传播给人类

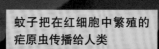

意外死亡

有时候，河狸会被倒下的大树压死，蚂蚁会被大象踩死，但对许多动物（人类也不例外）而言，大多数死亡都和人类有关。

吧唧

哎呀

路毙动物

北美的道路和高速公路几乎横穿每个动物栖息地，我们开着小汽车和货车行驶在这些道路上，难免会撞死一些动物。每天死于道路和高速公路的动物非常多，据估计差不多有100万只，包括鸟、哺乳动物、爬行动物和两栖动物。

人为事故

（美国人每年大致死亡人数）

车祸 22,000

家具掉落 860

空难 710

电死 475

浴缸溺水 400

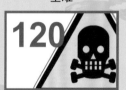
有毒液体 120

烟火 7

蛇咬 4

自动贩卖机（可乐）2

砰！

撞窗

鸟类擅长飞行，它们可以轻松地避开树木和山坡。但不幸的是，它们至今还没学会辨认窗户的玻璃。据估计，每年至少有1亿只鸟撞死在窗户的玻璃上，这还仅仅是在北美！

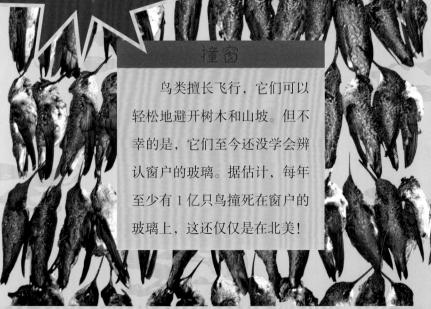

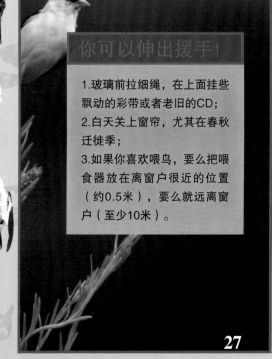

你可以伸出援手！

1.玻璃前拉细绳，在上面挂些飘动的彩带或者老旧的CD；
2.白天关上窗帘，尤其在春秋迁徙季；
3.如果你喜欢喂鸟，要么把喂食器放在离窗户很近的位置（约0.5米），要么就远离窗户（至少10米）。

这些仅仅是救援志愿者们在鸟类迁徙季的多伦多办公大厦附近发现的蜂鸟尸体

27

人类破坏

地球上的每个人都需要吃和住，但目前地球上的人口数量已经超过 75 亿了。

75亿人口需要：

· 大量食物
· 大量的水
· 巨大的空间
· 大量燃料
· 大量的其他东西

但这会给其他生物带来许多麻烦

过多索取

为了获取更多的食物并长久地保护农作物，人类一直都在捕杀动物。20 世纪 90 年代，上图中的农民家庭正站在"驱赶长耳野兔"活动的"胜利果实"后拍照。这些驱赶活动发生在美国西部，旨在解决对农作物产生巨大破坏的野兔数量激增的问题。长耳野兔最后幸存了下来，但其他动物可就没那么走运了。人类一直在捕捉渡渡鸟（一种不会飞的大鸟）等物种，直至它们灭绝，而且全世界的鱼类数量因过度捕捞而大幅度下降。

一团糟！

人类向环境排放有害废物而产生污染：倒垃圾，汽车和工厂排放废气，有害化学物质和石油泄漏。许多污染物不仅有害健康，而且可以致命。地球上每个角落都能找到它们的身影。

成千上万的海洋动物（如海豹）都是海洋中石油泄漏的受害者。左图中，志愿者正在使用一种吸附材料清理小海豹身上的石油

邻里之间

被砍伐一空的林区

世界上的许多动植物因栖息地消失而身陷困境。人类砍伐森林获取木材，腾出土地给农业发展和城镇建设。我们抽干湿地、修建大坝、改变河流的流向，致使一直生活在这些地方的动植物的活动空间越来越小。结果，许多物种仅仅因为人类改变其栖息地就身处濒临灭绝的危险之中。其实我们在以更细微的方式做这件事——你每次用肥皂洗手也会使手上细菌的生存环境变得不再适合生存。

当人类相互残杀

美国南北战争（1861—1865）的50万伤亡人员之一

不仅其他物种会担心人类的所作所为，人类自己也忧心忡忡。我们人类有一个极其恶劣的习惯，那就是自相残杀。有时候只是一个人谋杀另一个人，但在有些时候，人们发动战争，无数人因此而丧生。仅在20世纪，就有超过2亿人直接死于战争。

物种灭绝

当某一物种的所有成员都死去时，这个物种就灭绝了！永久性地消失了！彻底完蛋了！

请安息吧……

剑齿虎
公元前10000年

旅鸽
1914年

拉布拉多野海鸭
1878年

巨河狸
公元前8000年

大眼鲈
1983年

渡渡鸟
1681年

泽西斯蓝小灰蝶
1941年

卡罗莱纳长尾鹦鹉
1918年

这仅仅是因为人类的出现而灭绝的少数物种。体形是现今河狸三倍的巨河狸和剑齿虎消失于上一个冰河时代；曾经数量繁多，鸽群可以遮天蔽日的旅鸽已被捕杀灭绝；大眼鲈则是在其自然湖泊栖息地中，惨遭外来物种"灭口"。但这些仅仅是冰山一角——在2011年，全世界差不多有1/3的物种濒临灭绝。

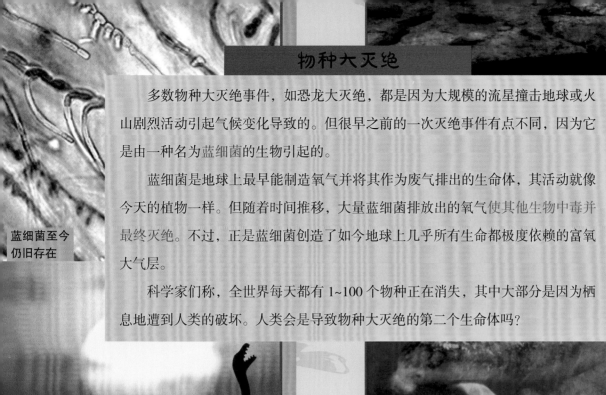

物种大灭绝

多数物种大灭绝事件，如恐龙大灭绝，都是因为大规模的流星撞击地球或火山剧烈活动引起气候变化导致的。但很早之前的一次灭绝事件有点不同，因为它是由一种名为蓝细菌的生物引起的。

蓝细菌是地球上最早能制造氧气并将其作为废气排出的生命体，其活动就像今天的植物一样。但随着时间推移，大量蓝细菌排放出的氧气使其他生物中毒并最终灭绝。不过，正是蓝细菌创造了如今地球上几乎所有生命都极度依赖的富氧大气层。

科学家们称，全世界每天都有 1~100 个物种正在消失，其中大部分是因为栖息地遭到人类的破坏。人类会是导致物种大灭绝的第二个生命体吗？

蓝细菌至今仍旧存在

海牛只是现今数千个濒临灭绝物种中的一个

物种大灭绝：大量物种在短期内出现灾难性死亡

天花：
蓄意消除的物种

人类中曾有数亿条生命死于天花病毒，这就难怪我们要费心竭力消除这一物种了。人们发现感染天花后幸存下来的人对这种疾病终身免疫后，就开始研究天花疫苗。近 1 000 年前，人们把感染天花后结的干痂磨成粉末，吹入从未得过天花的人的鼻孔中。其中一些人染上轻度天花并且活了下来，但真正有效的疫苗直到 20 世纪才被研制出来。使用天花疫苗的人类大获成功，世界卫生组织在 1980 年 5 月宣告天花已经在全世界范围内被消灭。

天花病毒

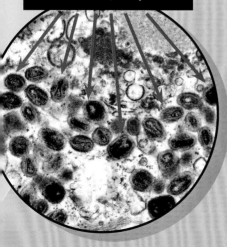

染上天花的人会出现高烧和皮疹的症状

但

天花并没有完全灭绝，一些实验室中还存放有少量天花病毒，用于研究

所以，当某一生物 死后 会发生什么事情？

几乎就在生物死去那一刻，它的尸体就开始分解腐烂。

但 这还不是全部！

腐烂：分解、变软、松散或液化。

尸体周围的生物开始活跃起来！

乌鸦会吃掉死老鼠······

臭鼬也会······

食腐甲虫也会······

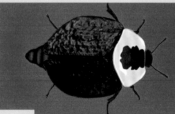

黄蜂也会······

蝇蛆也会······

细菌也会······

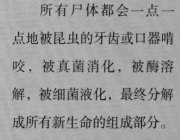

所有尸体都会一点一点地被昆虫的牙齿或口器啃咬，被真菌消化，被酶溶解，被细菌液化，最终分解成所有新生命的组成部分。

其他各种各样的生物也会吃掉死老鼠······

死亡时刻

死亡： 整个有机体所有生命过程的结束。

哺乳动物、鸟或鱼最明显的外在死亡征兆就是停止呼吸，心脏停止跳动，而眼睛可能会也可能不会闭上。一旦缺氧脑细胞就会立马开始死亡。当死去的脑细胞数量足够多时，一切便已无力回天。

定义之变

人们过去仅根据呼吸停止和脉搏消失就宣布一个人的死亡，但我们了解到，心脏停止跳动后还可以再恢复跳动。现今多数人同意这样一个观点，即大脑所有功能，尤其是脑干功能全部停止时，才意味着死亡时刻的到来。

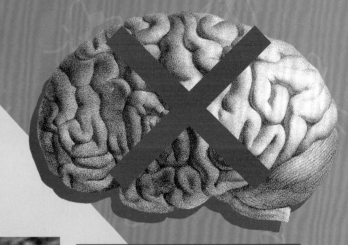

褪色

鱼类身上的漂亮颜色源于其皮肤里的一种特殊细胞，名为色素细胞。鱼类可以控制这些细胞根据所处环境的不同而改变颜色。鱼在准备产卵或者在紧张时，可能会改变体色。鱼在被抓住拉出水面的生死关头，压力会使它即刻把自己的体色变暗。所以离水之鱼看上去绝不可能和水里健健康康的鱼一样。

活的红大麻哈鱼

死的红大麻哈鱼

僵直如板

　　动物死后，肌肉就会立马松弛，变得瘫软无力。但紧接着的几个小时后，肌肉因缺氧造成的化学反应会变得僵硬。我们将这种肌肉僵直称为"尸僵"。尸僵持续一到两天，肌肉便会再度软化。此外还有一种变化，我们称之为"尸斑"。也就是说，当心脏不再向全身泵送血液时，血液会因重力作用集聚在最接近地面的身体部位。血液滞积就会造成"尸斑"——肤色异常，就像大面积的瘀青。

跳蚤

壁虱

虱子

螨虫

后会有期！

　　就像图中这只幼小的知更鸟，动物死后，血液停止流动，吸血寄生虫就会立马察觉出来。没有它们赖以生存的新鲜血液，寄生虫们就会成群结队地离开死去的宿主去寻找新的活的宿主。这就是为什么当你在处理动物尸体时应该戴上手套的原因之一。不过，更好的办法是用铁铲。

食腐动物

食腐动物以死的动植物为食，是全世界的"清洁工"。要是没有食腐动物清理死尸，我们的地球就会变得奇臭无比、肮脏不堪。

这是一只正在啃食麋鹿尸体的丛林狼。丛林狼是一种勤快的食腐动物，但它们不会因啃食腐肉而发生食物中毒，因为它们具备所有哺乳动物都具备的呕吐反射功能。这种反射会让它们立马将危险的东西吐出来

迷你清洁大军

名为"巨噬细胞"的特殊白细胞是居住在人体内的清道夫。它们在身体里的每个角落寻找并吞噬细菌、死细胞或受损细胞。它们还能检测出病毒或其他异物的侵入，一旦检测到，巨噬细胞就会触发免疫反应。科学家们希望可以用巨噬细胞抵御疾病甚至是癌症。

巨噬细胞伸"嘴"吞噬死细胞残骸

专一的食腐动物

秃鹰只吃腐肉（动物尸体的肉），而且精于此道。它们拥有发达的嗅觉，经常"留秃头"，这样头部就可以少沾点腐烂物质。秃鹰消化系统中的强酸可以杀死有害细菌。它们的尿液也呈强酸性，所以它们通过在自己的腿上撒尿来杀死身上的有害细菌。

土耳其秃鹰会自己晒太阳，既为了取暖，也为了杀死从动物尸体上沾染的细菌

寄居蟹不仅吃腐烂的东西，还会住在死去的海螺的壳里

海洋世界

全世界的海洋里住满了食腐动物。大多数食腐动物都吃"海洋雪"，也就是海水中下沉的动植物的碎屑。某一大型动物（如鲸）死后会慢慢沉入海底，为众多食腐动物提供持续的丰盛大餐。甲壳纲动物、小鱼和鲨鱼会剔除鲸尸上的肉，黏滑似鳗鱼的盲鳗会钻进尸体，然后一路吃出来。随后，小蜗牛和其他软体动物以溶解的营养为食，细菌、蚌、蛤和蟹则慢慢啃食骨头。鲸的尸体要15年后才会完全消失。

臭骗子！

许多食腐动物凭借它们的嗅觉觅食，即便是秃鹰，也要靠气味才能找到腐肉。许多昆虫也是如此，而一些植物和真菌则利用这种对死亡味道的"痴迷"进行觅食。其中有种真菌恰如其名，被称为"臭角菌"。臭角菌不像其他真菌靠空气把繁殖后代的孢子传播到四面八方，而是自己长出大量带有恶臭气味的黏稠孢子。食腐昆虫闻臭而至，当它们发现没有食物可吃时就会掉头飞走，但此时臭角菌孢子已经搭上顺风车，沾在了昆虫的腿上！许多植物用同样的伎俩来帮助自己传播花粉。大王花不仅不好闻，还是世界上开得最大的花，色似腐肉，外带斑点，体积大如呼啦圈！

动物分解

警告！

你闻过冰箱中食物变坏后的恶心气味吗？

恶心、潮湿、发臭的东西

动物死后，细胞立马从内到外开始分解。细胞膜由于缺氧而变薄，然后尸体开始渗出液体。几天后，渗出的液体使尸体的皮肤起泡变松。与此同时，动物体内数十亿计的所有有益细菌开始吞食死细胞。随后，细菌排泄废物就会产生臭气。这些臭气越积越多，然后从腐尸身上散发出来，就会吸引各种食腐动物。

人类觉得腐烂的气味令人作呕，但秃鹰和其他食腐动物却觉得这种气味极具诱惑性

微型清洁工

食肉蝇受到尸体"诱人"气味的引诱便会飞来，然后产卵。它们的幼虫——蛆就开始吃吃吃。很快，食腐甲虫也会现身。甲虫的幼虫负责吃蝇蛆和腐肉。最后，尸肉被吃得所剩无几，尸液被吸干，整个尸体就此瓦解。成年甲虫有着强大而锋利的口器，可以尽情享用剩下的硬皮和韧带。随后来的便是喜欢吃皮毛和羽毛的蛾和细菌。当各路食腐动物进食完毕，整具动物尸体就只剩下骨头了。

绿头苍蝇、食腐甲虫和红点埋葬虫仅仅是食尸大部队中的少数几个成员

第一阶段（0~3天）	第二阶段（3~10天）	第三阶段（10~20天）
• 细菌开始活动	• 有臭味产生	• 臭味熏天
• 细胞膜分解	• 尸体膨胀	• 尸液渗入地面
• 第一批昆虫抵达现场	• 更多昆虫抵达现场	• 尸体表皮爆开

猪妈妈在一窝猪崽上翻身，压死了这只小猪。

呸！

真恶心！

看到这些图片，有没有觉得很恶心？当你闻到动物尸体或腐坏垃圾的气味时，是不是面露嫌弃厌恶之色？不过你猜怎么着，全世界每个人对此的反应都一模一样，而且都用同一个词来表达，那就是"呸"。如果闻到尸体分解的臭味或看见扭动的蛆都不觉得恶心，那我们可能就会吃那些腐坏的食物，然后因为尸体上迅速繁殖的细菌而生病。所以尽管开口说"呸"吧！

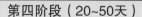

放大135倍的绿头苍蝇蛆的头

骨头

动物尸体最终只会剩下一副骨架。和身体其他部位一样，活骨里也有细胞，但骨头大部分是由钙等矿物质组成的。我们喝牛奶或吃奶酪就是为了摄入钙，让我们的骨骼变得更强壮。为了同样的目的，箭猪、老鼠和其他草食动物也会啃食骨头，从而帮助尸骨分解。剩下的就交给天气和时间，但一副骨架要许多年才能被完全分解。

第四阶段（20~50天）	第五阶段（50~365天）	第六阶段（1~100年）
• 丁酸产生类似干酪的气味 • 长出霉菌 • 甲虫啃食尸体坚硬部位	• 尸体变干 • 分解进程变缓 • 蛾和细菌进食毛发	• 尸体只剩下骨架 • 动物啃食骨头 • 骨头完全分解

植物
分解

死去的植物和动物一样，也会分阶段进行分解。树木作为最大最硬的植物，其分解过程会持续许多年。在一棵死树仍然屹立不倒时，昆虫会在树皮下打洞钻入树芯，真菌和啄木鸟则会进一步"软化"树木，直到这棵树倒地为止。在大量微生物作用下，这棵死树就会慢慢分解，化为沃土。

蚂蚁和白蚁

木工蚁和一些白蚁会在枯木里筑巢。白蚁是走到哪里就啃到哪里，不管是老木头还是房屋木墙都照啃不误。而木工蚁不像白蚁，它们不会真的啃食树木，而是啃出错综复杂的迷宫，形成隔间来帮助树木进行分解。这些隔间就是木工蚁抚养下一代的地方。

甲虫及其幼虫

许多食腐昆虫可以帮助植物分解。黑蜣甲虫和漆皮甲虫（右图）便是森林中的主要分解者。它们以死树为食，会在树里打洞产卵。它们的幼虫或蛆吃的是成年甲虫咀嚼后留下的木头，而其他喜欢更腐朽的木头的甲虫随后就会赶来。

啮齿动物和利爪

金花鼠、老鼠、鼩鼱、鼹鼠等小型动物通过挖树洞来分解倒下的树木，同时觅食或给自己筑巢。熊和其他大型动物则会用它们的利爪将朽木抓烂，吸食里面多汁的幼虫。

啄木鸟

啄木鸟通过凿开树皮啄洞觅食昆虫及其幼虫，可以加速分解死树或垂死的树。所有啄木鸟的舌头都特别长而且带钩，舌头上满是黏性唾液，可以帮助它们把昆虫从树洞里粘出来。啄木鸟的利嘴还可以在死树上凿出巢洞。

爬虫

拿起森林中任一腐烂植物，你可能会在其上发现球潮虫和鼠妇虫，或者多足蜈蚣和千足虫。这些小型无脊椎动物主要以受天气影响而变软的植物尸体为食，将尸体分解成小块，引来极小的嗜木螨虫。

真菌

真菌是木头和其他植物的主要分解者。你看见的长在木头上或地上的各种蘑菇和层孔菌，实际上只是微生物的产孢组织，就像植物的果实。所有真菌的主体都是由长在树皮下或地下的线状菌丝组成的菌丝体。这些菌丝会分泌酶来"消化"即便是最硬的木头，将其软化后供其他微生物食用。

从土里来

到　土里去

所有生物死后都会回归尘土。这一过程可快可慢，但最后都会发生，而且对生命循环来说必不可少。

食土者

夜晚，蚯蚓钻出洞穴将植物残体拽回地下。蚯蚓进食得多亏土壤颗粒鼎力相助将植物磨碎。植物各部分经过蚯蚓的肠胃后就会被分解成植物生长所需的重要土壤养分。

"磨木机"

白蚁是世界上最重要的植物分解者之一。它们在树上打洞，摄入大量纤维素。但大多数白蚁凭自身是无法消化纤维素的，它们靠肠道中的微生物将纤维素分解成可以吸收的营养物。虽然白蚁形似白色的蚂蚁，也像蚂蚁一样群居，但实际上它们同森林中的另外一种分解者——蟑螂——联系更为紧密。但白蚁侵入建筑物造成结构性破坏就成大问题啦！

小巧玲珑

几乎从世界上随便哪个地方挖一勺土，土里都含有1亿到10亿个细菌。有些细菌扮演着分解者的角色，将有机物微粒转化为对其他生物有利的形式。还有一些细菌则将空气中的氮转化为植物可以利用的形式。甚至有些细菌还可以制造抗生素！如果没有细菌，土壤就无法供养更高级的生命体。

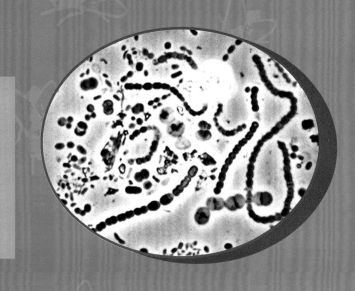

微观动物群

森林土壤中住着种类惊人的微生物，如名为螨虫的小型蛛形纲动物。和人脚掌一样大的一块区域可能含有 50~100 种不同种类的蜘蛛亲戚。它们尽情地享用各种有机物，排泄的小粒粪便又反过来供养真菌和大量更小的微生物（如细菌和原生动物）。

霉菌和酵母菌

霉菌和酵母菌都属于微型真菌。酵母菌依靠糖分迅速繁殖。我们在面包上看到的孔其实就是酵母菌使面团发酵释放出的气体造成的。而霉菌，如下面陈面包上的霉菌，其生长方式和其他真菌一样，会长成菌丝体。菌丝蔓延穿过有机物，再用酶将其分解。

放了2周的面包

放了1个月的面包

放了4个月的面包

放了6个月的面包

对不起 但我们不得不提到屎

多数有机物会被其他生物吃掉或以某种方式摄入。不管这些有机物在动物体内怎么被消化，最后动物总会排出某种废物。当这种废物源自大型动物时就最值得关注了。是的，我们在讨论屎、大便、粪肥、排泄物、鸟兽粪便、海鸟粪、动物粪便。正因为我们对分解有种天然的厌恶感，所以我们也会避开粪便物，而且具有充分的理由。所有哺乳动物的粪便大约三分之一由细菌组成。其中一些细菌感染人体后会让人生病，但多数细菌都只是将粪便分解成营养物供其他生命体使用。

和实物大小一致

驼鹿粪便由植物残渣和细菌组成

43

时间困局（一）

有时，当各种条件恰巧合适时，分解就不会正常进行，甚至压根儿就不会发生。

被困

琥珀是一种植物树脂的化石。树木会分泌树脂进行自我保护，因为树脂通常为黏性，可以包裹昆虫和其他小型脊椎动物，所以琥珀里有时候会有几百万年还保存完好的生物标本。

被困在琥珀中的蚊子

变干

在非常干燥的地方——沙漠或山的高处——尸体会迅速脱水，以至于需要水分才能生存的细菌和霉菌都几乎没什么机会让尸体腐烂。动物的表皮和内脏就会变干变硬。很久以前，古埃及人将死者埋在沙漠里，天然木乃伊因此出现。多年来，埃及人精心钻研木乃伊，在给死者穿衣前用特殊技术将死者变干保存。其他文化中也有经过实践的木乃伊化方法，即采用烟熏或药草保存尸体数千年。

一只自然风干的蜥蜴

这具打开的埃及木乃伊一定经过了密封保存，以防水分渗入引起腐烂

变黑

"博格人"是人们在潮湿的泥炭沼泽中发现的人类尸体。在泥炭沼泽中，正常腐烂的节奏因天然酸和低温而变缓。细菌在这种无氧条件下无法生存。虽然博格人的骨头已被沼泽中酸性的水腐蚀殆尽，但他们的皮肤和内脏竟完好无损，甚至一些胃里竟然还有最后一餐没来得及消化的食物残渣！考古学家们认为这些人可能是在2 000多年前被杀，然后作为仪式或典礼的一部分被送到沼泽中的。

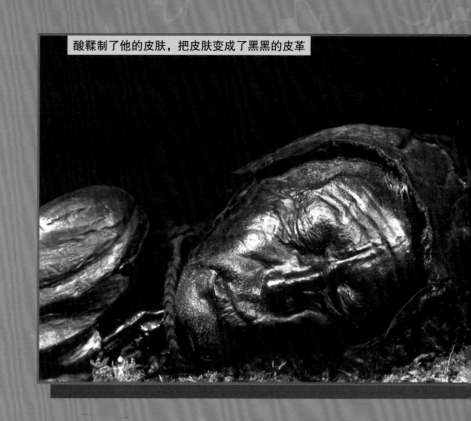

酸鞣制了他的皮肤，把皮肤变成了黑黑的皮革

冻结

我们将食物放入冰箱以防它们变坏，大自然也是这样"保护"动物们的。阿尔卑斯山的高处曾发现一具衣着完好的人类尸体，已被冰冻了5 000多年，考古学家为他取名为"奥茨"。从奥茨身上，我们逐步了解到史前时代生命的神奇之处。有时在极北地区也能发现自上一个冰河时代就被冰冻的长毛猛犸象和其他灭绝动物。多数情况下，动物在被冰冻之前就已经开始腐烂了，但有时尸体也会保留完整。有一次，科学家们炖了一份3.6万年前的野牛肉，并称牛肉有一股"浓烈的更新世香味"，但最后他们还是吃掉了牛肉。

科学家们近期在西伯利亚地区发现了几头被冰冻的猛犸象。其中一头猛犸象的骨组织保存完好，研究者们可以借此绘制它的基因图谱。到目前为止，科学家们发现其DNA和非洲象的DNA相似度为98.5%，这就意味着未来结合两个物种的遗传信息制造出大象-猛犸象合体是有可能的

时间困局（二）

有时，生物的遗体不仅得以保存数千年，甚至能保存数百万年。它们被困在石头里，但安然无恙。

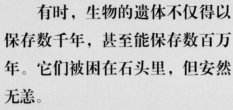

石化

动物死后落入水中，食腐动物吃掉了它的肉，然后尸体开始慢慢分解

有时泥沙冲刷动物尸体，骨头、牙齿等坚硬部分则不会腐烂

埋藏动物残骸的泥沙层越积越厚，多年后变成岩石

数百万年后，骨头和牙齿被矿物质取而代之，完成石化的进程

石巨人

多数人最喜爱的化石便是大块头的恐龙骨化石。体形最大的恐龙并非霸王龙，而是一种长颈食草动物——阿根廷龙。这种恐龙体形巨大，仅仅一块脊椎骨化石或脊柱化石就可以让一个 11 岁的孩子相形见绌。

7 000万岁！

00万岁！

海洋生物

由于化石逐层形成于水底，所以我们自然能发现许多已灭绝海洋生物的化石。而且正是从这些化石记录中，我们才了解到有关地球生命进化过程的许多知识。比如，最早的鲨鱼在 4 亿年前就已经出现了。

早期的"鸟"

始祖鸟曾被认为是地球上最早出现的鸟类，但始祖鸟和现代鸟并不十分相像。虽然始祖鸟有羽毛，但它的每只前肢上都长有三根指爪，有一条颀长的骨质尾巴，口中还有一整组锋利的牙齿。由于始祖鸟的一些特征和我们在少数恐龙身上发现的特征相似，所以许多科学家认为始祖鸟是证明鸟类由恐龙进化而来的一个强有力证据。

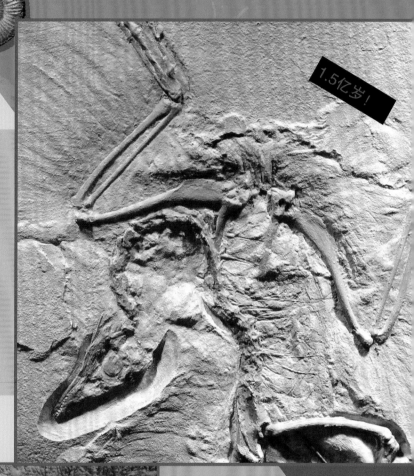

1.5亿岁！

2.25亿岁！

植物生命

植物生命石化的案例不在少数。其中最为壮观且规模最大的就是在亚马孙石化森林发现的树木。这些树木被埋在火山灰下，最终树木的细胞和石英晶体一同变成化石。泥土中的矿物质同石英结合，产生了彩虹般的色彩。

47

人们死时

难过但的确如此：

和其他所有生物一样，每个人最终都会死去。但有些东西又让我们和其他生物有所不同……

……我们对死亡作出的反应

我们为死者痛哭

我们尊敬死者

我们纪念死者

我们质疑死亡

我们从死亡中学习

哀痛

因所爱之人去世而哀痛或悼念是普天下的一个常理。全世界的人都会悲痛。即便有的人认为身体死亡并非灵魂死亡，但在失去亲近之人时，他仍旧会感到难过。

表达哀痛

失去所爱之人时，我们表达难过的方式有很多种，但方式没有对错之分。有时我们低声啜泣，有时号啕大哭，有时夜不能寐或食不下咽，有时和已故的人"对话"，有时选择不表露任何情感地悼念。但通常情况下，我们都会聚在一起共同分担悲伤。

集体悼念

有时一场灾难会夺去许多人的生命，整个社会都会为之哀悼，如2001年的"9·11"事件和2004年的印度洋大海啸悲剧。我们在新闻上听了许多这类事件的报道，看到了大量相关图片，以至我们认为这类事件似乎离我们很近很近。即便没有我们认识的人遇难，我们也会感到难过不已。这就是人类的一种特殊的行为——为从未谋面的人哀悼。

美国世贸大厦遗址（Ground Zero）前的哀悼者

动物和悲痛

我们第一次经历死亡往往是失去了宠物。许多人会把猫狗或其他动物视作家庭一员，用心关怀照顾它们。所以当宠物去世后，我们会因为失去它们而难过。反过来也一样——动物似乎会为它们去世的人类看护者哀悼，而这样的故事有很多很多。

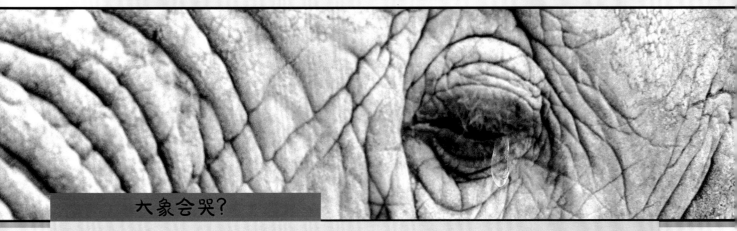

大象会哭？

虽然许多人认为动物不可能为自己的同类哀悼，但大量证据表明它们是会为同类哀悼的。据了解，母象会站在死去的小象身旁数日，有时会伸出象鼻抚摸小象的尸体。海豚有时会试图去拯救死去的小海豚，海豹在失去宝宝时会哀号。失去妈妈的猴子或黑猩猩幼崽可能会拒绝进食，直至饿死，甚至小鸟也会为自己的同类哀悼。鹅和鹦鹉对它们的伴侣十分忠诚，当它们的伴侣去世时，它们就会表露出和人类一样的哀伤迹象，变得无精打采，萎靡不振，不吃东西。

丧葬习俗

丧葬习俗是指人死之后，我们要做的一系列事情。大多数文化中都会为悼念死者举行特殊的仪式。

守丧和葬礼

守丧和葬礼的习俗取决于死者的信仰和习俗。通常死者的家人朋友会聚集一堂。在有的文化中，死者的尸体会被陈列，让人们接受逝者已逝的事实；有的是由牧师或其他宗教人士举行特殊的仪式，抑或由家庭成员致辞。哀悼者往往十分静穆，但在一些文化中，人们会为此痛哭或吟诵，有的还会有送葬队伍。许多葬礼都以埋葬或火化尸体结束。

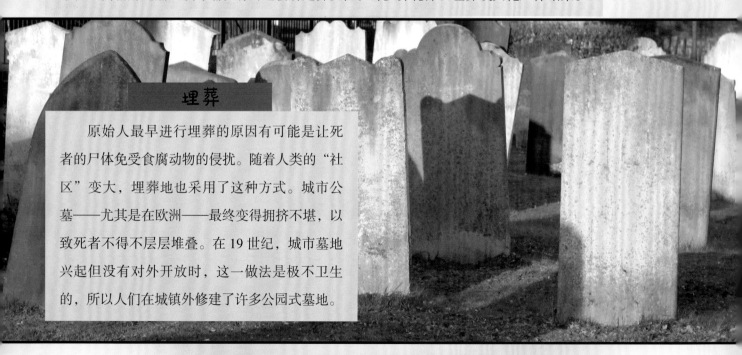

埋葬

原始人最早进行埋葬的原因有可能是让死者的尸体免受食腐动物的侵扰。随着人类的"社区"变大，埋葬地也采用了这种方式。城市公墓——尤其是在欧洲——最终变得拥挤不堪，以致死者不得不层层堆叠。在 19 世纪，城市墓地兴起但没有对外开放时，这一做法是极不卫生的，所以人们在城镇外修建了许多公园式墓地。

火化

火化或焚烧死者尸体已实践有数千年了。古罗马人将死者火化之后，把骨灰保存在有装饰的骨灰瓮中，印度教徒则更倾向于将骨灰埋葬。现在许多北美洲人都会选择火化，而非土葬。家人通常会将骨灰撒在对死者有特殊意义的地方。

许多人将所爱之人的骨灰保存在特殊的骨灰瓮中

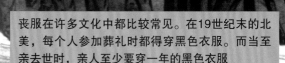

丧服在许多文化中都比较常见。在19世纪末的北美，每个人参加葬礼时都得穿黑色衣服。而当至亲去世时，亲人至少要穿一年的黑色衣服

风俗繁多

全世界有关死亡的风俗和仪式各不相同。许多风俗如果和我们的风俗迥然不同，我们可能会觉得奇怪。有的风俗中，尸体必须经过特殊次数的清洗或用一条彩布包裹，或者脚必须朝向某一特定方向，有的是悼念者必须在死者耳边低念特殊话语，有的要点蜡烛、香或灯笼，有的哀悼者要吃特定的食物或者向死者供奉特定的食物。

纵观历史，花一直是许多丧葬风俗中的组成部分。有时人们用花环覆盖死者尸体，或送花给死者或死者家属，或把花放在坟墓上。甚至有证据表明尼安德特人也采用鲜花安葬死者

来世

有些人认为人具有灵魂，死后会以另一种形式继续存在。

灵魂存在吗？

灵魂继续存在这个说法并不新鲜。古代人将死者尸体与食物和其他物件一同埋葬，表明他们相信死者需要这些东西。在现代一些宗教中，许多人相信"天堂"的存在，有些人则认为他们死后灵魂会以另一种形式回归尘土。大部分宗教认为，一个人的生活方式决定了他死后灵魂的去向。

墨西哥人相信在一年一度的亡灵节期间，深爱之人的灵魂会回来拜访生者。他们将鲜花、食物、骷髅糖、骷髅人和其他东西供奉在圣坛上，向死者致敬并表示欢迎

转世

很多人相信他们现在活着的生命并非第一次，也不是最后一次。其中一些人——如印度教徒——认为人肉体死后，灵魂或"阿特曼"（古印度梵文，"灵魂"的意思）会回归或转世以新的形式存在。他们还认为一个人生前的所作所为会决定来世的去向：如果多做好事，就会获得更高阶的生命形态；如果行为不端，则转世后的生命形态就会降低。

克利须那为印度教毗湿奴神众多化身之一，其画像通常都是大眼睛和蓝皮肤

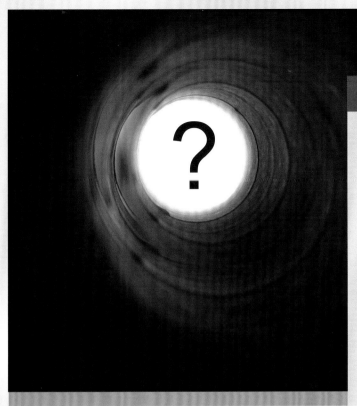

濒死体验

有些人在心脏病发作等生死关头活了过来，醒来后描述自己的那些非凡经历。有些人说医疗团队围着他们工作时，他们曾俯视过自己的身体；有些则继续深入一个漆黑的隧洞，朝着有亮光的地方前进；有些人则说他们得到了已故亲人的迎接。通常人们会有一股强烈的平和感，很多人都觉得他们是瞥见了天堂。科学家认为这种体验可能是脑细胞缺氧产生的影响。脑细胞缺氧可能会短暂增加特定类型的脑活动，但我们现在仍无法肯定。

那

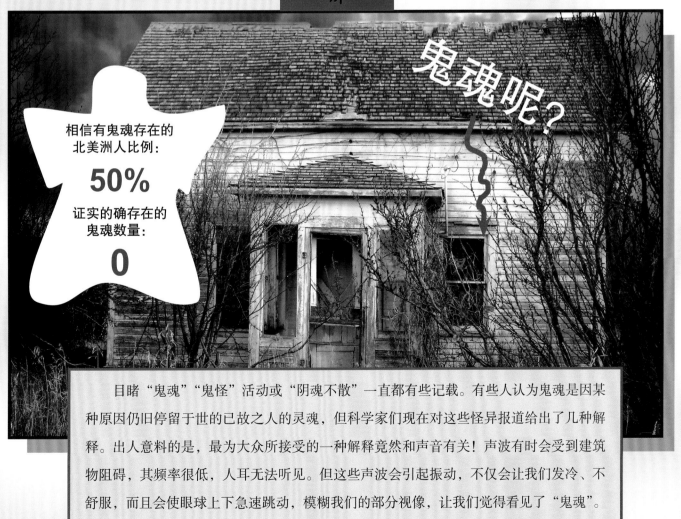

鬼魂呢？

相信有鬼魂存在的北美洲人比例：

50%

证实的确存在的鬼魂数量：

0

目睹"鬼魂""鬼怪"活动或"阴魂不散"一直都有些记载。有些人认为鬼魂是因某种原因仍旧停留于世的已故之人的灵魂，但科学家们现在对这些怪异报道给出了几种解释。出人意料的是，最为大众所接受的一种解释竟然和声音有关！声波有时会受到建筑物阻碍，其频率很低，人耳无法听见。但这些声波会引起振动，不仅会让我们发冷、不舒服，而且会使眼球上下急速跳动，模糊我们的部分视像，让我们觉得看见了"鬼魂"。

纪念

人们死后，我们不会遗忘他们，而是以各种各样的方式纪念他们。

欢乐时光，伤心时刻

回忆胜于世间任何其他事物，可以让我们觉得即便所爱之人离世许久，我们也能感受到和他们之间的联系。有时候，尤其是刚开始时，这些回忆是痛苦的，因为它们总会提醒我们，那些人已经逝去了。但久而久之，我们开始珍惜我们所记得的东西。虽然回忆常常喜忧苦乐参半，但这些都是所爱之人留给我们的一份持久不衰的礼物。

维多利亚时代的头发手镯

纪念品

世界各地的人几乎都会保留纪念品，以怀念他们已故的家人或朋友。我们会把传家宝代代相传，会珍藏塞满相片的相册。19世纪末，拍照还十分昂贵，人们拥有的唯一的家人照片往往是家人去世后不久拍摄的，就像左图中的小女孩。用死者的头发做手镯或花环在维多利亚时代屡见不鲜。当时，许多妇女身上都带着名为"泪瓶"的玻璃小瓶。每当她们因已故的爱人难过流泪时，就会用这只瓶子盛攒泪水，留作纪念。

近来，有些人把爱人火化后的骨灰中的碳提取出来，做成钻石

纪念标志

数千年来，世界各地的人都会为死者最后的安息之地做标志，作为致敬和纪念死者的一种方式。标志可繁可简，简单如堆石标，巨大复杂如古埃及人为其法老修建的金字塔，但多数都是介于二者之间。石标因其可以持续数百年而得到普遍采用，但在极北地区，木头因在寒冷气候下腐蚀得更慢而得以常用。有时死者会被安放在"灵屋"或陵墓等建筑内。

"物种记忆"

每个人都知道，新生儿的哭声出奇的大，但并没有人教婴儿怎么哭。他们带着本能或"物种记忆"来到这世上，制造许多噪声来得到他们想要的东西。这种直觉和其他的人类直觉——比如，我们闻到腐烂东西的时候就会脱口而出"呸"一样——数千年来代代相传，我们每个人又会将这些直觉传递给我们的孩子。这样不仅可以有助于确保人类的存活，还能在我们自己死后许多年让我们的重重重重孙一直平安康健。

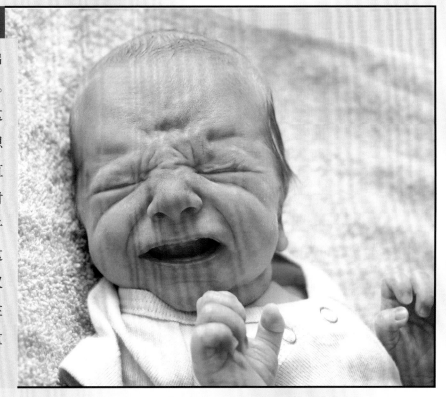

从死亡中学习

死去的人不仅能"说话"，而且还会告诉我们有关我们自身（和其他物种）的许多东西。

研究

长时间以来，大多数社会都有不得切开死者尸体一探内里究竟的禁忌。但人类是好奇的动物。科学家、医生和医科学生慢慢让解剖尸体获得了允许。起初，没有人愿意将自己亲人的遗体捐出来供解剖用，所以采用了罪犯的尸体。后来，当人们明白医学解剖是在致力于重大医学发现时，解剖或验尸就变得越来越普遍了。如今验尸常用来调查死因。出于相同原因，动物园也会对死去的动物进行验尸。

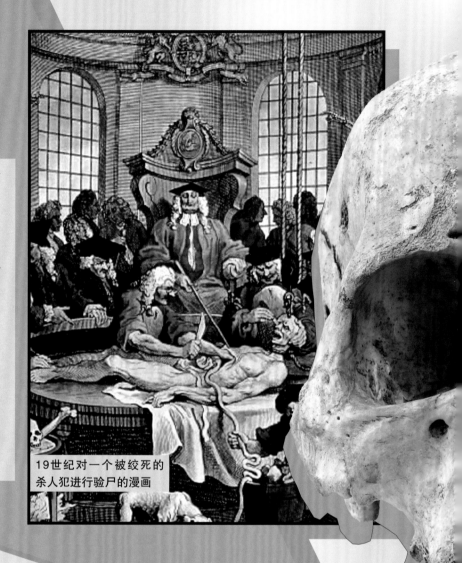

19世纪对一个被绞死的杀人犯进行验尸的漫画

解剖艺术

尽管有所禁忌，但数千年来人们还是会一窥尸体内部究竟。他们不仅会看，还会把他们所见的画下来。古往今来的医生们通过这一艺术了解了人体的运行方式

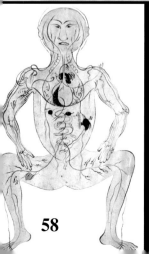
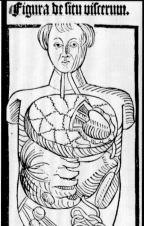

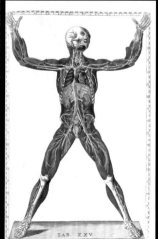
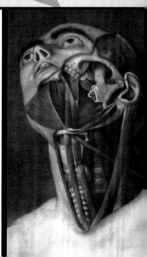

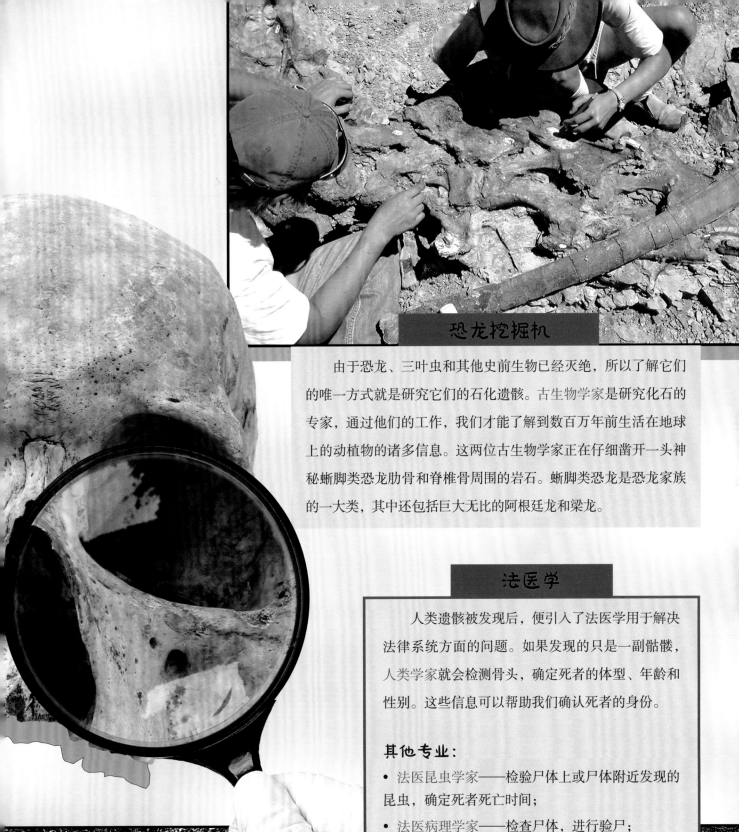

恐龙挖掘机

由于恐龙、三叶虫和其他史前生物已经灭绝，所以了解它们的唯一方式就是研究它们的石化遗骸。古生物学家是研究化石的专家，通过他们的工作，我们才能了解到数百万年前生活在地球上的动植物的诸多信息。这两位古生物学家正在仔细凿开一头神秘蜥脚类恐龙肋骨和脊椎骨周围的岩石。蜥脚类恐龙是恐龙家族的一大类，其中还包括巨大无比的阿根廷龙和梁龙。

法医学

人类遗骸被发现后，便引入了法医学用于解决法律系统方面的问题。如果发现的只是一副骷髅，人类学家就会检测骨头，确定死者的体型、年龄和性别。这些信息可以帮助我们确认死者的身份。

其他专业：

- 法医昆虫学家——检验尸体上或尸体附近发现的昆虫，确定死者死亡时间；
- 法医病理学家——检查尸体，进行验尸；
- 法医毒理学家——寻找药物迹象或体内毒药；
- 法医牙科专家——检查死者的牙齿，与其牙医记录作对比；
- 法医植物学家——检查尸体上的植物，包括种子和花粉。

死而复生

人们一直就想做一厢情愿的事情——让死者复活。

异想天开

人们曾经尝试过很多办法来让心爱的人死而复生：祈祷念经、用药草擦拭死者身体、往死者喉咙里灌野生蘑菇茶。到19世纪，人们还试过用电击的方式让死者还生。虽然这些尝试均以失败告终，但可能为玛丽·雪莱撰写《弗兰肯斯坦》带来了灵感。《弗兰肯斯坦》讲述的是一个由尸体碎片拼凑而成的怪物通过雷电死而复生的故事。

医学奇迹

如今，让心脏停止跳动的"死人"活过来也是常有发生的。许多不同的方法用于心脏起搏——结果表明最管用的是电流！医生们用除颤器电击心脏的肌肉，让心脏重新开始泵血。

当有人心脏停止跳动时，快速的处理尤为重要

医生为病人的心脏植入电子装置，让心脏保持跳动

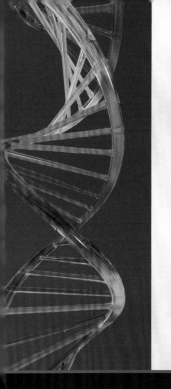

DNA双螺旋结构图

"人体冰棍"

"人体冷冻法"是一种冷冻并保存刚刚离世之人的遗体，或有时只是保存其头部的技术。人们希望有一天他们能死而复生或治愈杀死他们的疾病。对此，目前的主要问题在于即便借助新冷冻技术，融化期间人体也会出现组织损伤。所以在未来，科学家们不仅要考虑如何"复活"冰冻人的问题，还得考虑如何修复受损细胞。

我们能克隆灭绝动物吗？

要克隆灭绝动物，我们就必须从该动物身上找到未受损的 DNA。一些猛犸象在冰川中得以完好保存，也许能从中找到足够的完好 DNA 为我们所用。目前，科学家们正在对此做研究工作。但克隆一只恐龙要比这困难得多，因为恐龙遗骸已历经数千万年，找到未受损的 DNA 的机会简直微乎其微。但在未来，科学家们或许能解决 DNA 重组与修复的问题，谁知道呢！说不定有一天也会有恐龙在我们后院生活呢！

选我！选我！

克隆？

克隆是指一个生物的完美复制品。许多植物天生就能进行克隆。科学家们从成年动物身上提取 DNA 样本，然后植入一枚正在发育的卵子中，以此人工克隆动物。

2002年首次成功克隆猫咪，科学家们给这只小猫取名为"CopyCat"

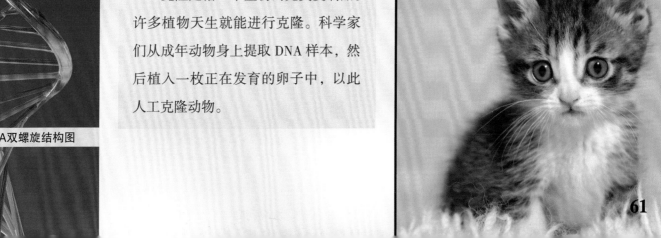

我发现一只死鸟

本书始于我发现的一只死鸟和几个相关问题，所以用这只死鸟的真实故事结尾似乎再合适不过了。

我发现的死鸟是一只雄性红喉北蜂鸟，它的喉部呈少量鲜红色。这只蜂鸟在一个炎炎夏日里飞进车库，最终没能找到出路飞出去。

它一定是透过窗户看见了鲜花和树木，于是盘旋在玻璃窗周围，想要飞出去。但不管怎么努力，它也不可能逃出这扇玻璃窗。没有食物，为保持盘旋状态又耗尽了所有能量，它的身体越来越虚弱。几个小时后，它就没法再盘旋，然后掉到窗台上，最终饿死在那儿。

阳光充足的窗台炎热且干燥，蜂鸟体形又小，几乎就一只虫子大小，它落在上面还没来得及正常分解就迅速变干了。就这样，我发现了它，一具完美的木乃伊。这的确让我觉得难过，生物死亡是一件令人难过的事——虽然难过，但那也是生命周期的一部分。

简·桑希尔

蜂鸟是种耗能极高的鸟，它们每秒钟拍打翅膀的次数高达80次，所以它们可以在一个地方盘旋或者从一朵花迅速飞向另一朵花。但完成所有这些动作需要大量能量，也就是蜂鸟从它们的主要食物源——含糖花蜜中获取的能量。仅仅为了活命，一只蜂鸟每天吸食的花蜜量就差不多是其体重的8倍

雌性红喉北蜂鸟的喉部呈白色

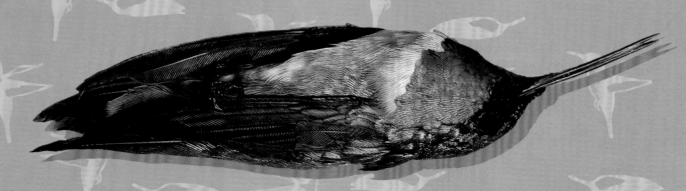